Bibliografische Information der Deutschen Nationalbibliothek:

Die Deutsche Bibliothek verzeichnet diese Publikation in der Deutschen National-
bibliografie; detaillierte bibliografische Daten sind im Internet über http://dnb.d-
nb.de/ abrufbar.

Impressum:

Copyright © 2008 GRIN Verlag, Open Publishing GmbH
Druck und Bindung: Books on Demand GmbH, Norderstedt Germany
ISBN: 9783640585618

Dieses Buch bei GRIN:

http://www.grin.com/de/e-book/147757/die-neuen-bedrohungen-aus-dem-sueden-
gespenst-oder-realitaet

Michael Liesk

Die neuen Bedrohungen aus dem Süden - Gespenst oder Realität?

GRIN Verlag

Technische Universität Dresden

Institut für Geographie

Oberseminar „Entwicklungsländer"

WiSe 2007/ 2008

Die „Neuen Bedrohungen" aus dem Süden

Gespenst oder Realität?

Eingereicht von:

Liesk, Michael

LA Gymnasium Geo/ GK, Fachsemester 9

Inhaltsverzeichnis

Abbildungsverzeichnis

1 Einführung

Sowohl die internationale als auch die nationale Politik sieht sich in den letzten Jahrzehnten besonderen Herausforderungen gegenüber. Dies gilt insbesondere auch für die Problematik der Entwicklungsländer. Sehr deutlich stellen Hippler und Messner diese Dynamik heraus, wenn sie konstatieren, „dass es in Teilen der Dritten Welt zu Auseinandersetzungen um die politische Macht sowie um die Kontrolle des Staates oder wichtiger Ressourcen kommt [...]. Dies führt in Zeiten der Globalisierung nicht allein zu lokalen Problemen, sondern strahlt auf ganze Regionen oder die Weltpolitik aus." (Debiel u.a. 2006: 41f.) Deshalb lohnt es sich, die Entwicklung der Nord-Süd-Beziehungen vor dem Hintergrund veränderter Rahmenbedingungen zu analysieren.

Mit dem Ende des Ost-West-Konflikts ist die wesentliche Klammer für die bis dahin bestehende Weltordnung zerbrochen: Der Systemzusammenbruch des Ostblocks gilt als eine Zäsur „mit tiefgreifenden Auswirkungen auf die Nord-Süd-Beziehungen." (Nuscheler 2004: 26) Blickt man auf die vergangenen 18 Jahre zurück, so kann man als einen ersten Befund die Dualität der Weltordnung konstatieren. Hierunter verstehe ich zunächst das Erstarken der relativen Bedeutung der USA, der Europäischen Union, Japans sowie den aufstrebenden Nationen China und Indien. In ihrer zunehmenden politischen, wirtschaftlichen und kulturellen Durchdringung stellen sie ein polyzentrisches Staatensystem dar. Ferner zeichnet sich diese Dualität durch das Bestreben um eine Vorreiterrolle der USA aus. Nach Nuscheler fallen hierunter nicht nur die oft zutage tretende Infragestellung von Beschlüssen der Vereinten Nationen (VN), sondern auch die noch ausbleibende Ratifizierung des Kyoto-Protokolls (vgl. 2004: 33-35). Für das internationale System ergeben sich enorme Herausforderungen, muss es doch auf diese Dynamik adäquat – primär friedlich – reagieren. Während alte Akteure an Einfluss verlieren – man denke an die Vormachtstellung der ehemaligen Sowjetunion –, betreten neue Akteure die internationale Bühne. Dies gilt ebenso für die Prozesse innerhalb des Systems: Wurden Konflikte im bipolaren System überwiegend latent ausgetragen – abgesehen von den Stellvertreterkriegen –, treten nun solche Auseinandersetzungen offen zutage.

Besonders die Anschläge vom 11. September 2001 wirkten bei der Analyse und Bewertung internationaler und nationaler Konflikte katalytisch. Obgleich viele Probleme bereits vor diesem Angriff existierten, wirkten sie fortan als Bedrohung. Nach Nuscheler (vgl. 2004: 44-46) gibt es eine ganze Reihe von mehr oder weniger realen Bedrohungen: Erstens, ergibt sich eine Gefährdung auf Grund des Erwerbs oder der Weitergabe von Massenvernichtungswaffen an staatliche oder nicht staatliche Akteure. Zweitens, in Folge einer hohen Technisierung von Gesellschaft, Wirtschaft und Politik wächst die Bedrohung durch den „Cyber-Terrorismus". Dieser Befund ist im Hinblick auf die Industriespionage Chinas hochaktuell (vgl. Spiegel Online 2007 „Industriespionage"). Drittens, lässt sich eine quantitative und qualitative Zunahme internationaler Kriminalität feststellen. Viertens, ist die ungebremste natürliche Bevölkerungsentwicklung in den Entwicklungsländern eine ungelöste Aufgabe. Ferner erwartet man fünftens, als Ergebnis sowohl des globalen Klimawandels als auch der intensiven Nutzung der Natur, Konflikte um Ressourcen und enorme Wanderungsbewegungen. Vor diesem Hintergrund ist eine qualitative Analyse der Ursachen und Potentiale sinnvoll. Daher soll diese Arbeit eine Antwort auf die Frage finden, ob es sich bei diesen Problemen um tatsächliche oder „gefühlte" Bedrohungen für „den Norden" handelt?

Für meine Betrachtung und der daran anschließenden Beantwortung der Fragestellung nutze ich im Wesentlichen drei Standardwerke, die diese Problematik zum Gegenstand haben. Zum einen ist dies Nuschelers Werk „Lern- und Arbeitsbuch Entwicklungspolitik". Der Autor betrachtet dabei umfassend die Bereiche des Nord-Süd-Problems; der Armut, Unterentwicklung und Entwicklung; zentrale Entwicklungsprobleme sowie der Akteure, Prozesse und Strukturen des internationalen Staatensystems. Weiterhin nutze ich das Werk „Globale Trends 2007", welches durch Debiel, Messner und Nuscheler herausgegeben worden ist. Das Buch stellt dabei umfangreiche Informationen zu den Feldern Weltordnung und Frieden; Weltgesellschaft und Entwicklung; Weltwirtschaft und Rohstoffe sowie Umwelt und transnationale Risiken vor. Ferner verwende ich Ferdowsis Werk „Weltprobleme", in dem zentrale Probleme wie Bevölkerungswachstum, Ernährungssicherung, Rohstoffknappheit, Schaffung fairer Bedingungen für den Welthandel, Bekämpfung von Epidemien sowie der Durchsetzung der Menschenrechte behandelt werden.

Im Verlauf meiner Arbeit werde ich zunächst auf die Rahmenbedingungen eingehen, die sowohl den „Nord-Süd-Konflikt" als auch den Globalisierungsprozess zum Gegenstand haben. Danach werde ich die „Neuen Bedrohungen" vorstellen und diskutieren. In Abhängigkeit vom Umfang dieser Arbeit greife ich drei Bereiche heraus: Erstens, die Bedrohung der Ökosysteme; zweitens, die wachsende internationale Migration und drittens, sicherheitspolitische Bedrohungen. Was genau ist an ihnen neu? Inwiefern existieren „Alte Bedrohungen"? Abschließend werde ich meine Befunde in den Forschungsstand verorten. Dabei lohnt sich auch der Blick auf prognostizierte Entwicklungen.

2 Die Rahmenbedingungen der „Neuen Bedrohungen"

2.1 Der „Nord-Süd-Konflikt"

Nach Woyke bezeichnet dieser Begriff ein strukturelles Konfliktverhältnis zwischen Entwicklungsländern auf der einen Seite und den Industrieländern auf der anderen Seite. Es resultiert aus unterschiedlichen ökonomischen, sozialen und politischen Entwicklungschancen beider Akteure. Zunächst handelte es sich um eine außenpolitische und verteilungspolitische Interessendivergenz. Alsbald wurde er in der Fachwissenschaft – u.a. den Internationalen Beziehungen – als ein Spannungsfeld verstanden, welches sich aus drei Elementen zusammensetzt: Ökologie, demographische Entwicklung und Sicherheitspolitik (vgl. 2000: 339). Das dynamische Moment ist dabei der Globalisierungsprozess.

Obgleich der „Nord-Süd-Konflikt" vielfach Anwendung findet, fehlt ihm die analytische Schärfe. Die Verwendung geographischer Richtungsangaben suggeriert eine topographische Genauigkeit, die es in der Welt nicht gibt. Weder liegen die Entwicklungsländer vollständig auf der Südhemissphäre – bspw. das subsaharische Afrika – noch sind alle Länder der südlichen Halbkugel Entwicklungsländer. Daher ist es ein Konfliktverhältnis zwischen marktwirtschaftlich-orientierten Ländern einerseits, und den Entwicklungsländern Afrikas, Asiens und Lateinamerikas. Hinzukommen Staaten des ehemaligen Ostblocks, deren sozioökonomische und politischadministrative Situation eine unterschiedliche Zuordnung verlangt: manche sind bereits Teil der OECD-Welt, andere – wie vor allem in Zentralasien – werden durch die UN als Entwicklungsländer eingestuft (vgl. Woyke 2000: 339-340).

Zusammenfassend lässt sich konstatieren, dass es sich um keine antagonistische Konfrontation handelt, sondern vielmehr um einen Konflikt – ökonomischer, ökologischer, politischer oder kultureller Natur – zwischen den westlichen – Nordamerika, EU und Japan – und den südlichen Ländern (vgl. Nuscheler 2004: 98-99). Die Austragungsform kann dabei sowohl latent als auch manifest sein.

2.2 „Entwicklungsland" - ein anachronistischer Begriff?

Bisher wurde in der Arbeit der Begriff „Entwicklungsland" unreflektiert verwandt. Daher sei an dieser Stelle eine knappe Präzisierung eingefügt: Zunächst subsumierte man Länder, deren Entwicklung der westlichen Welt nacheilte, als Dritte Welt. Dieser Begriff diente vor allem jungen Staaten dazu, sich vom Ost-West-Gegensatz abzugrenzen. Im Fahrwasser des Zusammenbruchs des Ostblocks verlor dieser jedoch an Bedeutung und wurde zunächst durch den Sammelbegriff Les Developed Countries oder „Entwicklungsländer" ersetzt. Auch diese Begriffe werden der in der Realität vorkommenden Problemvielfalt nur teilweise gerecht. Nuscheler gibt hierfür einen ausführlichen Überblick der UN-Klassifikation und spricht von Begriffsverwirrung (vgl. 2004: 98-121).

Um dem Problem der statistischen Gruppierung zu umgehen, möchte ich auf die relativen Indikatoren verweisen, die von der Bundeszentrale für politische Bildung gegeben werden: Entwicklungsländer weisen demnach ein deutlich geringeres Sozialprodukt pro Kopf und Jahr auf, sie haben eine geringere Arbeitsproduktivität, eine hohe Analphabetenquote sowie einen hohen Anteil landwirtschaftlicher Erwerbstätigkeit (vgl. BpB „Entwicklungsländer"). Einen graphischen Überblick liefert die Abbildung 1:

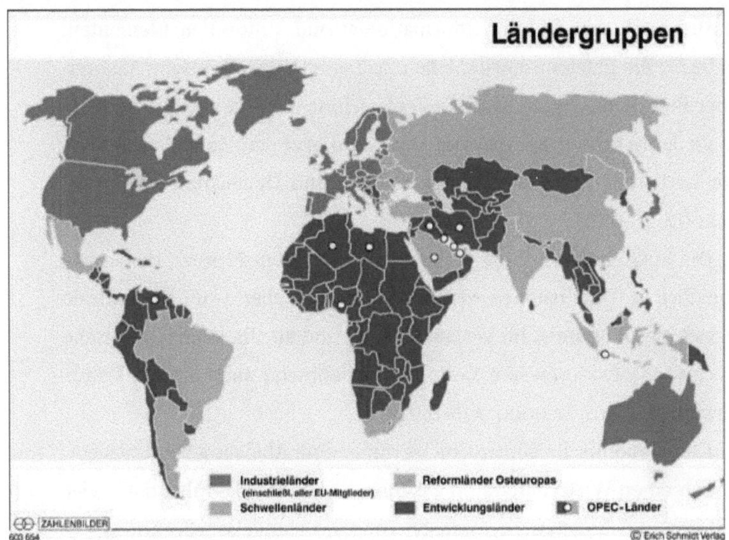

Abbildung 1: Ländergruppen und Einordnung der Entwicklungsländer (Bundeszentrale für politische Bildung "Ländergruppen")

2.3 Globalisierung – eine neuer Prozess?

Ein Blick in eine Fachzeitschrift, wissenschaftliche Abhandlung oder selbst in eine Zeitung genügt: Globalisierung ist ein inflationär verwendeter Begriff. Demzufolge ist es nahezu unmöglich, eine einzige Definition zu finden, die allen Ansprüchen genügt. Woyke versteht unter Globalisierung einen Prozess zunehmender Interdependenz, mit dem Ergebnis, dass Ereignisse auf allen Maßstabsebenen Auswirkungen zeitigen können (vgl. 2000: 136). Dieser Prozess ist hochdynamisch. Ferner ist er in den einzelnen Regionen der Welt unterschiedlich asymmetrisch ausgeprägt – qualitativ, quantitativ und räumlich (vgl. Woyke 2000: 136-147).

Reflektiert man diese Aussagen, so stellt sich die Frage nach dem Beginn dieses Prozesses. Nach Ferdowsi handelt es sich keineswegs um ein neues Phänomen (vgl. 2007: 23). Auch ein Blick in die Fachliteratur gibt unterschiedliche Erklärungsansätze. Da es argumentativ einleuchtend erscheint, möchte ich mich Menzel anschließen, der für den Beginn die Errichtung der Pax Mongolica angibt (vgl. Ferdowsi 2007: 49). Zwischen 1250 und 1350 bauten Mongolen ein vorkapitalistisches Wirtschaftssystem von China bis Westeuropa auf. In diesem Geflecht kam es zu einem intensiven Austausch von Gütern, Informationen und kulturellen Elementen. Als Indiz für die Existenz eines solchen Prozesses kann die rasche Ausbreitung der Pest dienen: 1320 brach in Zentralchina die Pest aus. Sie benötigte ca. 25 Jahre bis zur Küstenstadt Quanzhou. Auf den Handelswegen erreichte sie bereits drei Jahre später Venedig und Deutschland (vgl. Ferdowsi 2007: 23-61)!

Die Staaten dieser Erde befinden sich in einem Prozess, der in unterschiedlichen Dimensionen verläuft. Zunächst aber war die zentrale Triebkraft die Ökonomie. Im Verlaufe des 19. und 20. Jh. kamen politische und technische Faktoren hinzu, die sich zunehmend auch auf die Kultur auswirkten (vgl. Woyke 2000: 136-147).

Die ökonomische Dimension ist durch eine Ablösung von Staatsgebiet durch einen Wirtschaftsraum gekennzeichnet. Woyke führt dafür vier Indikatoren auf: Erstens, die Intensivierung der Handelsverflechtungen – 16 Staaten, darunter kein einziges subsaharisches Land, wickeln 70% der weltweiten Exporte ab. Zweitens, die Internationalisierung ausländischer Direktinvestitionen. Drittens, wie die Finanzmarktkrise aktuell beeindruckend gezeigt hat, haben die Nationen keine Kontrolle mehr für die Finanzströme und den sich daraus ergebenen Folgen (vgl. Endres 2008: „Kein Ende der Krise"). Viertens, das Auftreten neuer Akteure, wobei die Hälfte der Global Players aus Deutschland, den USA, Japan, Frankreich und Großbritannien stammt (vgl. Woyke 2000: 136-147).

Die „ökologische Globalisierung" zielt auf die weltweite Vernetzung des Problembereichs der Ökologie ab (vgl. Woyke 2000: 136-147). Nicht nur Tschernobyl hat gezeigt, dass der Ort der Entstehung eines Problems ungleich dem der Betroffenheit ist. Auch hier zeigt sich die Absurdität staatlich zentrierter Politik.

Im Geleit der wirtschaftlichen und ökologischen Globalisierung ergibt sich auch eine kulturelle Dimension. Durch die Verbreitung und Verbilligung der Massenkommunikation, der gestiegenen Mobilität sowie durch das weltweite Angebot von standardisierten Produkten, erfährt der „westliche Lebensstil" eine enorme Anziehungskraft. Dadurch können Lebensstile und Identitäten beeinflusst, ja sogar fragmentiert werden. Dies birgt erhebliches Konfliktpotential für fundamentale und ethno-nationalistische Bewegungen (vgl. Woyke 2000: 136-147).

In Summe ergibt sich für die politischen Systeme erheblicher Anpassungsbedarf. Die drei oben aufgeführten Befunde führen zu einer Prozessdichte, die eine sukzessive Erosion nationalstaatlicher Souveränität hervorruft. Schon deshalb ist das internationale System mit dessen mehr als 200 Staaten, 5.000 INGOs und ca. 60.000 transnationalen Konzernen so unübersichtlich geworden (vgl. Woyke 2000: 136-147).

Zusammenfassend ergibt sich, dass die Steuerungsfähigkeit eines einzelnen Staates überfordert wird. Das Gros der Probleme, auf die ich im Weiteren eingehen werde, ist – wenn überhaupt – nur mit Hilfe des Multilateralismus' zu lösen.

3   Die „Neuen Bedrohungen"

Nachdem die derzeitigen Rahmenbedingungen umrissen worden sind, lohnt nun der Blick auf die realen oder gefühlten Bedrohungen. Dabei sollen im Fokus der Analyse drei Problemkomplexe stehen: Erstens, die drohende oder bereits akute Gefährdung globaler und regionaler Ökosysteme. Zweitens, enorme räumliche Bevölkerungsentwicklung infolge bedrohter Lebensgrundlagen. Drittens, ein Konglomerat aus Staatszerfall und globaler Friedenssicherung einesteils, und internationaler Terrorismus andernteils.

3.1   Die Gefährdung regionaler und globaler Ökosysteme

Der Rote Faden für diesen Komplex ist das Dilemma, in dem Industrieländer und Entwicklungsländer stecken: Das Spannungsverhältnis zwischen dem westlichen Wohlstandsmodell einerseits, und der Armut und sowie dem Massenelend andererseits. Während sich in den Industrienationen zunehmend die Erkenntnis durchgesetzt hat, dass die derzeitige Produktions- und Konsumweise nicht fortgeführt werden kann, orientieren sich die Entwicklungsländer eben an diesem Modell. Sie empfinden die von den westlichen Nationen forcierten Umweltstandards – nicht ganz zu Unrecht – als eine unfaire Einschränkung ihrer Entwicklung.

Welche Gefährdung für die Menschheit ergibt sich aus dem globalen Klimawandel, dem Verlust der biologischen Vielfalt oder fruchtbarer Böden sowie der globalen Wasserkrise? Gmelch (vgl. Ferdowsi 2007: 237) unterscheidet dafür drei Analyseebenen, aus denen das Gefährdungspotential abgeleitet werden kann: Umweltprobleme können lokaler Natur sein. Hierunter fallen die Luftverschmutzung in Großstädten oder die Verseuchung der Böden durch Chemikalien. Ferner unterscheidet er zweitens, eine regionale Ebene. Die Probleme, die hier gesammelt werden, können grenzüberschreitend sein. Gleichwohl sind sie räumlich begrenzt. Exemplarisch dafür ist die Verschmutzung von Flüssen. Als dritte Ebene weist er einen globalen Maßstab aus. Die hier angeführten Probleme betreffen alle Staaten. Beispielsweise ist dies der Klimawandel oder die globale Wasserkrise.

3.1.1 Klimawandel

Hierbei geht es primär um den vom Menschen verursachten – anthropogenen – Klimawandel. Im Allgemeinen liegen die Ursachen in den Bereichen der intensiven Nutzung der Natur einerseits, und der vorherrschenden Wirtschafts- und Lebensweise andererseits.

Unabhängig davon, dass der anthropogene Treibhauseffekt multikausal ist, lassen sich jedoch fünf elementare Ursachen finden: Erstens, Kohlendioxid als ein Endprodukt fossiler Brennstoffe. Zweitens, der Methananstieg in der Zusammensetzung der Luft infolge intensiver landwirtschaftlicher Nutzung – bspw. Reisanbau und Großviehhaltung. Drittens, Distickstoffoxid als Freisetzungsprodukt des Kunstdüngereintrags. Viertens, Ozonfreisetzung als Folge des zunehmenden Kraftfahrzeugverkehrs. Ferner fünftens, die relative Erhöhung des Wasserdampfanteils in der Atmosphäre als Ergebnis einer erhöhten Verdunstung (vgl. Ferdowsi 2007: 239-242).

Welche Folgen ergeben sich daraus? Ein in der Fachwissenschaft unumstrittenes Ergebnis ist der Anstieg des Meeresspiegels. Obgleich dieser Befund allgemeiner Konsens ist, gehen die Angaben über die Höhe des Anstiegs auseinander. Gmelch listet in seinen Ausführungen mehrere Studien unterschiedlicher Institute auf: Die Ergebnisse schwanken daher zwischen 9 und 115 cm (vgl. Ferdowsi 2007: 244). Grundsätzlich bedeutet dies aber ein Verlust an Land – besonders in den Küstenregionen und Inseln. Die genauen Auswirkungen sind dabei unabsehbar. Gleichwohl ergibt sich daraus ein riesiges Potential für Wanderungsbewegungen! Ferner wird es aller Voraussicht nach zu einer Verschiebung der Vegetationszonen kommen. In diesem Zusammenhang reduziert sich – bei dem derzeitigen technischen Stand – die für die Landwirtschaft verfügbare Fläche (vgl. Ferdowsi 2007: 245). Allein die Möglichkeit einer daraus resultierenden Reduktion des Nahrungsmittel-Ouputs ist sehr besorgniserregend und fordert Handlungsbedarf. In der Kausalkette reiht sich ferner ein biologisches Artensterben einerseits, und die Ausbreitung von Tropenkrankheiten andererseits ein.

3.1.2 Verlust der biologischen Vielfalt

Wie bereits im vorangestellten Abschnitt angedeutet, beeinflusst der künstlich verstärkte Wandel des Klimas auch die Artenvielfalt. Biologische Systeme sind zwar überaus anpassungsfähig – denkt man an Bakterien auf dem Tiefseeboden in der Nähe heißer Quellen. Gleichwohl sind dieser Fähigkeit auch Grenzen gesetzt.

Die Vielfalt der Arten ist ein Faktor für das Überleben der Organismen auf der Erde. Einerseits haben sie eine Stabilisierungsfunktion für Ökosysteme, andererseits erfüllen sie auch eine Versorgungsfunktion. Besonderen Nutzen hat dadurch der Mensch, der die Flora und Fauna vor allem als Ressourcen nutzt – Nahrung, Baustoffe, Medikamente etc. (vgl. Ferdowsi 2007: 250-251)

Wo liegen dafür – neben den klimatischen Einflüssen – die Ursachen? Hauptsächlich ist der sich aus der Bevölkerungsentwicklung ergebene Besiedlungsdruck verantwortlich. Er führt auf der einen Seite zu einer Form intensivster Nutzung der Ökosysteme, auf der anderen Seite zu einer sukzessiven Ausbreitung des Kulturlandes (vgl. Ferdowsi 2007: 251-253).

Die Folge ist dabei die anhaltende Reduktion der Tier- und Pflanzenarten. Sehr instruktiv ist die tägliche Verlustrate von 70 bis 300 Arten pro Tag! Selbstverständlich verfügt die Erde über einen geschätzten Pool von 100.000.000 Arten. Doch eine solche Verlustrate, von zum Teil unerforschten Tieren und Pflanzen, ist nicht akzeptabel. Für die Landwirtschaft, und dabei besonders die Entwicklungsländer betreffend, bedeutet dies eine Reduzierung der verfügbaren Anbausorten. Der Verlust der An-

bauvielfalt macht die Ernten im höchsten Maße anfällig (vgl. Debiel u.a.
2006: 329-344).

3.1.3   Der Verlust fruchtbarer Böden

Jedes Jahr verliert die Landwirtschaft ca. 0,5% an nutzbarer Fläche.
Die Ursachen dafür sind wiederum multikausal: In Folge der klimatischen
Veränderungen, die bereits oben umrissen worden sind, kommt es zu einer
erhöhten erosiven Tätigkeit von Wind und Wasser. Ferner ergibt sich auch
ein chemisches Moment: Durch das Einbringen von Schwermetallen, ra-
dioaktiven Verbindungen sowie einer zunehmenden Versalzung erhöht
sich die Degradation. Ein bereits angesprochenes Element findet sich auch
hier wieder: Das anhaltende Bevölkerungswachstum in den Entwicklungsländern einerseits, und die intensive Nutzung des Naturlandes andererseits führt zu einer Versiegelung von Flächen und zur weiteren Abholzung
der Wälder (vgl. Ferdowsi 2007: 253-254).

Infolge der beschriebenen Ursachen verlieren degradierte Böden
nach und nach die Funktion, Lebensraum für die Bevölkerung zu sein. Ferner wird der Landwirtschaft auch die Versorgungsfunktion entzogen: Auf
Wüsten oder nährstoffarmen Böden ist die Versorgung von Milliarden
Menschen unmöglich (vgl. Ferdowsi 2007: 254-255).

3.1.4   Globale Wasserkrise

Zum Problem einer globalen Wasserkrise zunächst einige instrukti-
ve Zahlen: 70% der Erde sind mit Wasser bedeckt. Davon sind 97,5% Salz-
wasser. Von den 2,5% sind für den Menschen nur 0,007% verfügbar –
sieht man von kosten- und energieintensiven Wasserentsalzungsanlagen
ab. Im Jahr 2000 litten bereits 26 Staaten unter Wassermangel. 2025 werden dies etwa 46 Staaten sein. Bereits heute ist dieses Problem mehr als
akut: Allein 40% der Erdbevölkerung leidet unter Wasserknappheit. Sie
haben im Jahr und pro Kopf unter 1.000 Kubikmeter Wasser zur Verfü-
gung. Betrachtet man die Abbildung 2 und vergleicht man diese mit der
Abbildung 1, so ergibt sich ein deutlicher Befund: Vor allem Entwicklungsländer sind Hauptbetroffene (vgl. Ferdowsi 2007: 255-256).

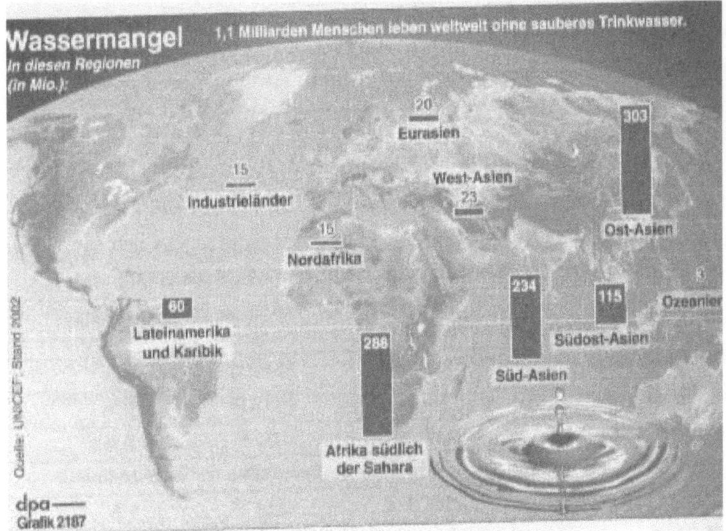

Abbildung 2: Wassermangel nach Regionen (Ferdowsi 2007: 256)

Worin liegen die Ursachen für die Entwicklung? Wiederum lässt sich keine Hauptursache für dieses Problem finden. Vielmehr ist es ein Geflecht aus unterschiedlichen Elementen: Unter anderem zählt dazu eine zunehmende Trockenheit. Aber auch eine Zunahme und regionale Konzentration der Wassernachfrage in Ballungsräumen führt zu einer Abnahme des Wasserangebots. Auch grundsätzlich spielt die Nutzungskonkurrenz zwischen Landwirtschaft, bzw. ökonomischer Nutzung auf der einen Seite und privater Konsum auf der anderen Seite eine Rolle. Als Indiz für diesen Befund soll der Anstieg der privaten Nachfrage herangezogen werden: So stieg zwischen 1950 und 1995 der Konsum um das Sechsfache (vgl. Ferdowsi 2007: 256-257)!

Die Folgen sind dabei erschreckend: Ein Ergebnis des Konsums von verschmutztem Wasser ist der Anstieg von Krankheiten. Jährlich sterben etwa 2,2 Mio. Menschen! Durch das Absinken des Grundwasserspiegels, infolge der erhöhten Entnahme, werden Ökosysteme in ihrer Anpassungsfähigkeit überfordert. Ein weiteres Problempotential, das durchaus eine enorme Bedrohung für die dort lebende Bevölkerung darstellt, ist der

Kampf um Wasser: Beispielsweise gibt es dabei Konflikte zwischen der Türkei und dem Irak, aber auch zwischen Israel und Jordanien (vgl. Ferdowsi 2007: 258).

3.1.5   Schlussfolgerungen

Die oben aufgezeigten Entwicklungen bei der Betrachtung von regionalen und globalen Ökosystemen stellen keine isolierten Probleme dar. Vielmehr sind die selbst Glieder innerhalb einer Kausalkette. Ob sich daraus allerdings Bedrohungen für jene Staaten ergeben, die nicht zu den Entwicklungsländern gehören, ist abhängig von der von der Reaktion aller Staaten. Diese müssen Maßnahmen ergreifen, die den oben erwähnten Problemen entgegenwirken. Sollte dies unterbleiben – unabhängig von den Maßnahmen, die an dieser Stelle nicht bewertet werden –, so ergibt sich aus dem Potential durchaus eine Bedrohung für die Existenz der Menschheit als Ganzes.

3.2   Internationale Migration und Flüchtlingsproblematik

Ein weitere Entwicklung geriet in den 1980er Jahren in den Blickpunkt der Öffentlichkeit und wurde damit auch ein Politikum. Die Rede ist von der Migration und der Weltflüchtlingsproblematik. In dem Zeitraum zwischen 1960 und 2005 stieg die Anzahl der Personen von 75 Mio. auf 191 Mio. an. Ziel dieser Migranten sind vor allem die Industrieländer, insofern sie diese überhaupt erreichen und nicht in angrenzenden Staaten verbleiben. Der Anteil der Flüchtlinge hat im oben genannten Zeitraum von 3% auf 12% zugenommen – dies ist eine bemerkenswerte Vervierfachung (vgl. Ferdowsi 2007: 294-298)!

3.2.1   Die Ursachen für den Anstieg der Flüchtlingsmigration

Ein Blick in wissenschaftliche Publikationen genügt, um eine Fülle an Ursachen zu finden. Dabei handelt es sich im Kern um eine zunehmende Entwurzelung von Mensch und Heimat. Sieht man einmal von der freiwilligen Migration ab, lassen sich dennoch eine Reihe von Faktoren ableiten (vgl. Woyke 2000: 269):

Besondere Bedeutung hat hier die Transformation, bzw. der Zerfall multinationaler und multikultureller Imperien. Diese stellten ab dem 16.

Jahrhundert zentrale Elemente des internationalen Systems dar. Mit dem Zerfall des Osmansichen Reiches oder Unabhängikeit der Kolonien oder dem Zerfall der Sowjetunion – der hier als Zäsur bereits erwähnt wurde – bildeten sich etliche neue Nationalstaaten. Ein solcher Bildungsprozess ist hoch dynamisch und deshalb oft Anlass für kriegerische Konflikte (vgl. Woyke 2000: 270-271).

Weiterhin spielt die Entwicklung eines modernen Weltwirtschaftssystems als Ergebnis des wissenschaftlich-technischen Fortschritts eine prägende Rolle. Insbesondere auch deshalb, da sowohl regionale als auch globale Ökosysteme in Mitleidenschaft gezogen werden. Was genau muss man sich darunter vorstellen? Die ressourcenintensiven Produktionsverfahren und Konsummuster – man denke an die Ausstattung von Kraftfahrzeugen pro Familie – überfordern die Regulationsfähigkeit der Ökosysteme. Die Menschen leiden zunehmend am Eintrag von Chemikalien, die die Bodenfruchtbarkeit herabsetzen (vgl. Woyke 2000: 271-272).

Auch die rapide Zunahme der Weltbevölkerung wirkt sich auf die Ökosysteme aus. Während der technische Fortschritt und verbesserte hygienische Bedingungen dazu führten, dass die Sterberate sank, blieben die Reproduktionsgewohnheiten zunächst erhalten. Dies führt zu einem raschen Bevölkerungsanstieg. Nach der UN-Bevölkerungskommision werden 2050 in den wohlhabenden Gebieten ca. 1,4 Mrd. Menschen und in den armen Regionen dieser Welt ca. 8,4 Mrd. Menschen leben (vgl. Woyke 2000: 272).

3.2.2 Folgen

Im Fahrwasser untergehender Imperien folgen Kämpfe um die innere und äußere Abgrenzung sich neu konstituierender Staaten. Viel zu oft sind Vertreibungen und ethnische Säuberungen das Ergebnis. Derzeit befinden sich ca. 30 bis 40 Mio. Menschen auf der Flucht, wobei die Dunkelziffer sehr viel höher liegen dürfte (vgl. Woyke 2000: 272).

Die Entwicklung eines Weltwirtschaftssystems – der kapitalorientierten Marktwirtschaft – führte zu einer teils freiwilligen, teils unfreiwilligen Einbindung in ein arbeitsteilig strukturiertes System. Daraus ergaben sich gleichwohl neue Auswirkungen – einerseits die nahezu vollständige Zerstörung von Subsistenzwirtschaften, andererseits die Entstehung von exportorientierten Ökonomien, die mehr oder weniger interdependent sind. Aus diesen beiden Aspekten ergeben sich neue Herausforderungen. Zum einen ist dies eine wirtschaftliche Marginalisierung von Staaten, die auf Schwankungen des Weltmarktes nur unzureichend reagieren können. Diese Staaten stehen vor einem ernsten Versorgungsproblem, sodass deren Bevölkerung keine ausreichenden Lebensbedingungen mehr vorfindet und sich auf Wanderung begibt. Mit diesem Prozess geht eine fortschreitende Landflucht und Verstädterung einher. Der überwiegende Teil jener Menschen, erreicht gleichwohl nur den Nachbarstaat. Von dieser Marginalisierung abgesehen, entwickelten sich zum anderen auch Wachstumspole auf der Welt, die wiederum Ziel von Migranten wurden: Dabei wurden nach und nach sowohl die Industrienationen Europas, Japan sowie die prosperierenden südasiatischen Staaten erfasst (vgl. Woyke 2000: 273-274).

Eine weitere Folge ist die Destabilisierung von Ökosystemen als Ergebnis einer intensiven Degradation und Abnahme wirtschaftlich nutzbarer Fläche. In Summe wird dadurch Millionen von Menschen die Lebensgrundlage entzogen (vgl. Woyke 2000: 274).

3.2.3   Lösungsstrategien

Internationale Migration, insbesondere die Flüchtlingsmigration, ist ein Prozess, der die oben dargelegten Ursachen hat. Die Lösungsstrategien müssen sowohl die Entstehung dieser Ursachen als auch bei den Migranten selbst ansetzen:

Grundsätzlich müssen Maßnahmen gefunden, bzw. ergriffen werden, die der anhaltenden Zerstörung unserer Ökosysteme entgegenwirken – Kyoto und die G8-Vereinbarungen des letzten Jahres können nur erste Schritte sein. Ferner müssen Strategien zum Aufbau tragfähiger Sozial- und Wirtschaftssysteme ergriffen werden, um einerseits das Bevölkerungswachstum, andererseits die Handels- und Investitionsprozesse zu optimieren. Des weiteren muss dem Schutz der Menschenrechte sowie die friedliche Regelung von staatlichen Konflikten größere Aufmerksamkeit gewidmet werden (vgl. Woyke 2000: 275-278).

Dies ist jedoch nur eine Seite der Medaille. Ebenso wie die Ursachen bekämpft werden müssen, gilt es auch an den Folgen anzusetzen. Darunter fällt beispielsweise die verbesserte finanzielle und personelle Ausstattung des UNHCR. Ferner benötigen rückkehrwillige Flüchtlinge eine bessere Unterstützung. Um Bilder wie in Südspanien zu vermeiden, müssen auch die Asyl- und Einwanderungsbestimmungen vornehmlich der Industrienationen angepasst werden – die Harmonisierung der Asylgesetzgebung, die Gewährung temporären Asyls und die Bekämpfung der Ausländerfeindlichkeit sind nur einige Stichworte (vgl. Woyke 2000: 278).

3.3   *Sicherheitspolitische Probleme – Eine Bedrohung?*

Gefährdungen in diesem Bereich können unterschiedliche Maßstabsebenen betreffen. Für meine Betrachtungen sind vor allem die globale und nationale Ebene relevant. In diese Kategorie fallen sowohl das Phänomen des Staatszerfalls als auch der internationale Terrorismus. Natürlich handelt es sich dabei nur um eine Auswahl. Denn gleichermaßen könnte noch auf die Proliferation, das Wirken von Warloards, aber auch die internationale Piraterie – sehr aktuell, wie die Entführung der französischen Yacht beweist – eingegangen werden. Dennoch sind meines Erachtens für die Beantwortung meiner Frage die beiden ersten Punkte von herausragender Bedeutung.

3.3.1   *Staatszerfall als friedenspolitische Herausforderung*

Auf nationaler Ebene erfüllt der Staat drei Kernfunktionen: Erstens, die Gewährleistung von Sicherheit nach Außen und Innen. Zweitens, eine Wohlfahrtsfunktion in Form der Sozial- und Versorgungssysteme. Drittens, eine Legitimitäts- und Rechtsstaatsfunktion. Ferner spielt er auch auf internationaler Ebene eine wichtige Rolle, in dem er im internationalen System Stabilität durch Regime erzeugt. Deshalb ist das Phänomen des Staatsversagens, bzw. des Zerfalls staatlicher Ordnung so bedeutend für unsere Betrachtung. Diese Bedeutung steigt um so mehr, wenn man auf Abbildung 3 blickt: Sudan, Demokratische Republik Kongo, Irak, Pakistan, Afghanistan, Bolivien etc. Dies ist nur eine Auswahl der Regionen, die mit dem Zerfall von Staatlichkeit in Verbindung gebracht werden. Aktuell sind etwa 2 Mrd. - 2.000.000.000 – Menschen in 60 Staaten betroffen (vgl. Ferdowsi 2007: 357-373).

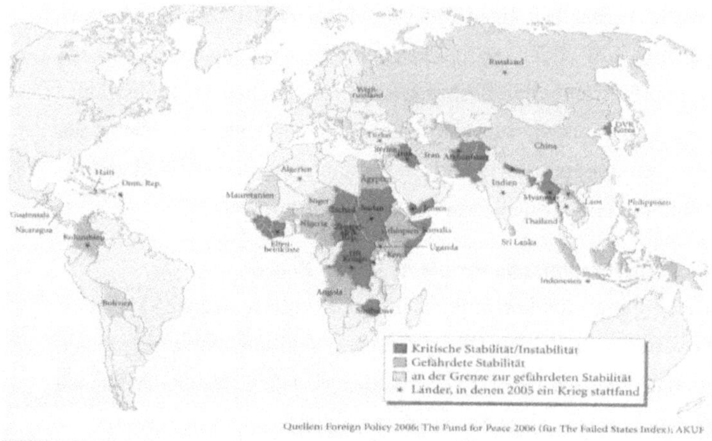

Abbildung 3: Fragilität der Staaten (Debiel u.a. 2006: 81)

3.3.1.1 Ursachen für Staatszerfall

Der erste Ursachenkomplex ist der Zusammenhang von Armut und plünderbaren Ressourcen: Hippler konstatiert zwei Befunde: Erstens, je geringer das Pro-Kopf-Einkommen pro Jahr ist, desto wahrscheinlicher ist ein Kriegsausbruch. Zweitens, ist in einem Staat Armut vorherrschend, so ist die Anziehungskraft, heimische Ressourcen auszuplündern sehr hoch. Hierunter fallen etwa Diamanten, Öl, Edelhölzer, aber auch Coltan (vgl. Debiel 2006: 94-96).

Politische Instabilität und Demokratisierungsprozesse gehören dem zweiten Ursachenkomplex an. In diese Gruppe fallen vier Faktoren: Erstens, wird in einem Staat ein kriegerischer Konflikt ausgetragen, so ergibt sich eine signifikante „Ansteckungsgefahr" für den Nachbarstaat. Zweitens, der Staat ist um so instabiler, desto größer die Korruption ist. Drittens, die Politische Stabilität ist abhängig von der Erfahrung der Führungseliten. Viertens, Demokratien sind acht Mal weniger anfällig für politische Instabilität (vgl. Debiel 2006: 96-97).

Eine dritte Gruppe an Ursachen ist die Struktur und Dynamik des internationalen politischen Systems. Während des Ost-West-Konflikts erhielten zahlreiche Staaten finanzielle und materielle Unterstützung. Diese Hilfen waren vor allem politisch instrumentalisiert. Nach dem Zusammenbruch des Ostblocks bestand für eine weitere Gewährung solcher Hilfen keine Veranlassung mehr. Da jene Staaten bis dato keine Veranlassung sahen, ihre Strukturen für eine stabile Entwicklung anzupassen, gerieten sie mit dieser Zäsur nur noch mehr unter Druck. Oftmals gelang es nicht, diese Transformationsanstrengungen zu meistern, sodass der Staat zusehends versagte (vgl. Debiel 2006: 98).

3.3.1.2 Lösungsansätze gegen Staatszerfall

Die Berater politischer Entscheidungsträger haben für das Problem des Staatszerfalls – failing states – eine ganze Palette an Hilfsmaßnahmen zur Hand: Zunächst sei hier die Entwicklungshilfe angeführt. Mit deren Hilfe sollen externe Akteure unterstützt werden, die für eine Verbesserung der sozioökonomischen Lage hinwirken – bspw. Aufbau der Versorgungsinfrastruktur (vgl. Debiel 2006: 98-99).

Ein zweiter Ansatz stellt auf die unzureichende Gewährleistung der Staatsfunktionen ab. Insbesondere die Sicherheitsfunktion ist das tragende Element für ein stabiles System. Ähnlich wie auf dem afrikanischen Kontinent praktiziert, müssen regionale und subregionale Organisationen unterstützt werden, die zur Minderung des Migrationsproblems, der Bekämpfung von Kriminalität sowie des Waffen- und Drogenhandels beitragen (vgl. Debiel u.a. 2006: 99-100).

Ein Übermaß kann durchaus negative Folgen haben. Dies beweist das Phänomen, welches in der Wissenschaft gern als „Fluch der Ressourcen" beschrieben wird. Hier setzt ein dritter Ansatz an. Die Entdeckung, Gewinnung und der Verkauf von Ressourcen birgt ein hohes Konfliktrisiko. Zur Verminderung dieses Problems können sowohl ein transparentes Management als auch die Kontrolle durch NGOs beitragen (vgl. Debiel u.a. 2006: 100).

Als letztes Mittel, um politische Stabilität wieder zu gewinnen, bedient man sich des Militärs. Im Rahmen multinationaler Friedensoperationen soll der Wiederaufbau staatlicher Strukturen gewährleistet werden. Dass dieses Mittel durchaus ambivalent ist, zeigen Afghanistan und Irak (vgl. Debiel u.a. 2006: 100-102).

3.3.1.3   Schlussfolgerungen

Fragile Staaten stellen per se keine Bedrohung dar. Wie ich jedoch gezeigt habe, wirken sie einerseits als ein begünstigender Faktor bei der Bedrohung Dritter, andererseits erschweren sie die Lösung von anderen Problemen, wie beispielsweise der Aids-, Seuchen- und Armutsbekämpfung, der Eindämmung von Kriminalität sowie des Terrorismus'.

3.3.2   Internationaler Terrorismus – Eine Bedrohung?

Besonders nach den Anschlägen vom 11. September 2001 geriet der Terrorismus in den Fokus der Öffentlichkeit. Seitdem ist er ein prägender Faktor sowohl der internationalen Beziehungen als auch der gesellschaftlichen Wahrnehmung.

3.3.2.1   Terrorismus – Ein wissenschaftlicher Begriff

Terrorismus zeichnet sich durch drei Merkmale aus: Er ist zunächst einmal gewaltsam. Ferner ist er „politisch" und richtet sich nicht zuletzt gegen Zivilisten. In der Fachwissenschaft spricht man erst dann von einem internationalen Terrorismus, wenn er entweder grenzüberschreitend ist oder sich gegen andere Staatsbürger richtet (vgl. Debiel u.a. 2006: 105-108).

Was genau ist nun so evolutionäre am „Neuen Terrorismus"? Der Begriff wird nahezu ausschließlich im Zusammenhang mit den Anschlägen von 2001 verwendet. Für seine Charakterisierung nutzt man fünf Eigenschaften: Erstens, er ist global. Zweitens, verfügt er über unabhängige Finanzquellen. Drittens, erfolgt die Rekrutierung mittels eines klaren Feindbildes „Der Westen". Er verfügt viertens über einen apokalyptischen Heilsgedanken und fünftens, sind die überwiegenden Träger islamische Fundamentalisten (vgl. Debiel u.a. 2006: 107-108)

3.3.2.2   Geographischer Schwerpunkte

Die aktuelle Forcierung, die mitunter auch politisch instrumentalisiert wird – vergegenwärtigt man sich die Kriegsbegründung gegen den Irak – auf den islamischen Fundamentalismus entspricht nicht der Realität. Exemplarisch sei das Phänomen der Entführungen: ca. 50% terroristischer Akte sind Entführungen, in etwa 35.000. Von diesen 50% wurden fast alle – etwa 95% - in einem nicht-muslimischen Staat (Nepal) verübt. Betrachtet man allein die Opferzahlen aus dem Jahre 2005 (siehe dazu: Debiel u.a. 2006: 109), so ergibt sich ebenfalls kein Bild, dass der internationale Terrorismus ausschließlich ein islamisch-fundamentaler ist: Von 14.605 Toten sind ca. 4.000 durch diese Gruppe ermordet worden (vgl. Debiel u.a. 2006: 108-115).

3.3.2.3 Folgen

Sowohl die unmittelbaren als auch mittelbaren Auswirkungen lassen sich in drei Dimensionen erfassen: wirtschaftlich, politisch und psychologisch.

Zunächst zählt man zu den wirtschaftlichen Folgen die direkten Anschlagsschäden. Diese sind durchaus überschaubar. Schätzungsweise betrugen die Sachschäden des 11. September ca. 21,8 Mrd. US Dollar (vgl. Debiel u.a. 2006: 114). Ferner fallen die indirekten Folgekosten in diese Kategorie hinein. Hierzu zählt bspw. die Erhöhung der Versicherungsprämien. Letztlich werden auch die zusätzlichen Sicherheitskosten erfasst. Die erweiterte Sicherung des nordamerikanischen Handels etwa kostete bis 15,8 Mrd. US Dollar (vgl. Debiel u.a. 2006: 114-115)!

In der politischen Dimension ergeben sich ebenso zahlreiche Folgen. Dazu werden einerseits die weitere Verschärfung, andererseits die Internationalisierung von Regionalkonflikten gezählt. Des weiteren zählen hierzu der „Krieg gegen den Terror" mit all seinen Auswirkungen, wie der Verschärfung der Sicherheitsgesetze. Als eine indirekte Folge darf die Schwächung internationaler Regime, bzw. der Bedeutungsverlust der Vereinten Nationen angesehen werden (vgl. Debiel u.a. 2006: 115).

Die Auswirkungen besitzen auch ein psychologisches Moment: Zum einen verschlechtert der internationale Terrorismus – sowohl die Aktion als auch Reaktion – die Beziehungen zwischen Muslimen und anderen Religionen. Zum anderen gewinnt die Prävention von Gewaltakten eine zunehmende Akzeptanz (vgl. Debiel u.a. 2006: 116-120).

4 Zusammenfassung

Nach diesen umfangreichen Betrachtungen ist es hilfreich, sich die Fragestellung zu vergegenwärtigen, die es galt zu beantworten. Der Kern meiner Arbeit ist die Beantwortung der Frage, ob es sich bei diesen Problemen um tatsächliche oder „gefühlte" Bedrohungen für „den Norden" handelt? Nach meiner Analyse komme ich zu dem Ergebnis, dass die aufgezeigten Gefahren durchaus eine manifeste Bedrohung darstellen! Dies gilt sowohl für die Entwicklungsländer als auch für alle Staaten dieser Welt. Dabei ist anzumerken, dass es sich um keine voneinander isolierten Prozesse handelt, sondern um Kausalketten, die als Ganzes eine Bedrohung darstellen – sie sind global. Deshalb verlangt deren Lösung auch globale Politik.

Dieses Bedrohungspotential haben auch weitere Wissenschaftler herausgearbeitet: So stellt etwa Paul Kennedy fest, dass eine Vielzahl neuer globaler Bedrohungen „eine Reform der Vereinten Nationen dringend notwendig macht." (Kennedy 2007: 279) Dazu zählt er sowohl die zunehmende Belastung unseres globalen Umweltsystems als auch „das relativ neue Phänomen des internationalen Terrorismus." (Kennedy 2007: 280) Ferner schließt er auch das Problem der gescheiterten Staaten ein, die wesentlich für Hungersnöte und Völkermorde verantwortlich sind (vgl. Kennedy 2007: 280).

Eine ähnliche Argumentation macht sich auch Ferdowsi zu eigen: Die Auswirkungen der Globalisierug, des demographischen Wandels, des Zerfalls bzw. der Fragilität von Staaten, der Umweltzerstörung und des Klimawandels müssen abgefedert werden. Nur so kann verhindert werden, dass das Konglomerat aus Marginalisierung, Armut, Rechtlosigkeit und Zerstörung weiterhin zu einer globalen Bedrohung wächst (vgl. Ferdowsi 2007: 11-22).

Auch für Nuscheler stellen diese Punkte eine zentrale Herausforderung dar: „Die vom sozialen und politischen Nord-Süd-Gefälle ausgehende Friedensgefährdung liegt im Konfliktpotential von inner- und zwischenstaatlichen Verteilungskämpfen um verknappende Ressourcen, von armutsbedingter Umweltzerstörung und grenzüberschreitender Massenmigration." (Nuscheler 2004: 610-611)

5 Quellenverzeichnis

Bundeszentrale für politische Bildung (Hrsg.): Das Lexikon der Wirtschaft: Grundlegendes Wissen von A bis Z. Bonn 2004. URL: http://www.bpb.de/popup/popup_lemmata.html?guid=WMK4H7 – Download vom 28.03.2008.

Debiel, T./ Messner, D./ Nuscheler, F. (Hrsg.): Globale Trends 2007: Frieden, Entwicklung, Umwelt. Bonn 2006.

Endres, A. : Finanzkrise: Kein Ende der Krise. In: Zeit Online, 2008. URL: http://www.zeit.de/online/2008/14/bankenkrise – Download vom 02.04.2008.

Erich Schmidt Verlag (Hrsg.): Zahlenbilder: Ländergruppen. Berlin. URL: http://www.bpb.de/cache/images/EOIOF8_600x426.jpg – Download vom 03.01.2008.

Ferdowsi, M. A. : Weltprobleme. Bonn 2007.

Kennedy, P. : Parlament der Menschlichkeit: Die Vereinten Nationen und der Weg zur Weltregierung. München 2007.

Nuscheler, F. : Lern- und Arbeitsbuch Entwicklungspolitik. Bonn 2004.

Spiegelnet GmbH (Hrsg.): Chinesische Hacker spionieren deutschen Mittelstand aus. In: Spiegel Online, 08.02.2007. URL: http://www.spiegel.de/wirtschaft/0,1518,465041,00.html – Download vom 28.03.2008.

Woyke, W. (Hrsg.): Handwörterbuch Internationale Politik. Bonn 2000.

BEI GRIN MACHT SICH IHR WISSEN BEZAHLT

- Wir veröffentlichen Ihre Hausarbeit,
  Bachelor- und Masterarbeit

- Ihr eigenes eBook und Buch -
  weltweit in allen wichtigen Shops

- Verdienen Sie an jedem Verkauf

Jetzt bei www.GRIN.com hochladen
und kostenlos publizieren